重温四时八节

CHONGWEN
SISHI–BAJIE

CHONGYANG

马 芳 / 主编

马 丙 / 绘

CNS 湖南美术出版社

PUBLISHING & MEDIA

全国百佳图书出版单位

·长沙·

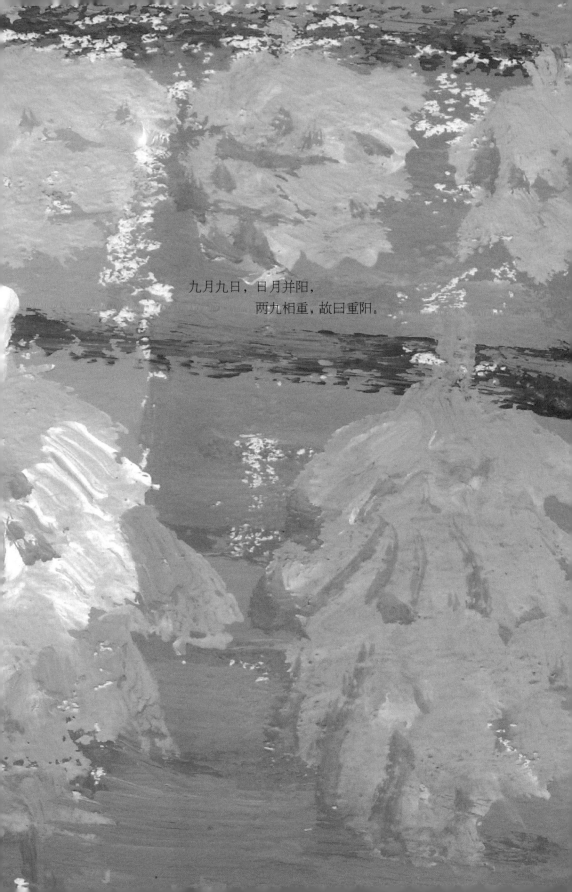

九月九日，日月并阳，
两九相重，故曰重阳。

图书在版编目（CIP）数据

重温四时八节 . 重阳 / 马芳主编 . — 长沙：湖南美术出版社，
2022.8
ISBN 978-7-5356-8533-9

Ⅰ . ①重… Ⅱ . ①马… Ⅲ . ①节日—风俗习惯—中国 Ⅳ .
① K892.1

中国版本图书馆 CIP 数据核字 (2018) 第 286649 号

重温四时八节·重阳

出 版 人：黄　啸

主　　编：马　芳

编　　著：肖　丽

绘　　者：马　丙

责任编辑：吴海恩

助理编辑：易明镜

责任校对：汤兴艳

整体设计：格局视觉 ❈Gervision

出版发行：湖南美术出版社

　　　　　（长沙市东二环一段 622 号）

印　　刷：永清县晔盛亚胶印有限公司

　　　　　（河北省廊坊市永清县工业园区榕花路 3 号）

版　　次：2022 年 8 月第 1 版

印　　次：2022 年 8 月第 1 次印刷

开　　本：710mm ×1000mm　1 /16

印　　张：6

书　　号：ISBN 978-7-5356-8533-9

定　　价：29.80 元

邮购联系：0731-84787105　邮编：410016
网址：http ://www.arts-press.com
电子邮箱：market@arts-press.com
如有倒装、破损、少页等印装质量问题，请与印刷厂联系调换。
联系电话：0316-6658662

目录 contents

话说重阳

独在异乡为异客，每逢佳节倍思亲。

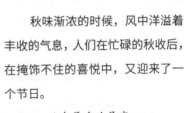

01

秋味渐浓的时候，风中洋溢着丰收的气息，人们在忙碌的秋收后，在掩饰不住的喜悦中，又迎来了一个节日。

独在异乡为异客，
每逢佳节倍思亲。
遥知兄弟登高处，
遍插茱萸少一人。

唐代诗人王维的这首《九月九日忆山东兄弟》重阳诗，妇孺皆知，脍炙人口。诗中提到的"佳节"就是重阳节。农历九月九日重阳节，是我国的传统节日。重阳节，又称重九节、晒秋节，与除夕、清明节、中元节三节统称中国传统四大祭祖的节日。

一年之中，逢九的日子有 36 个，为何古人偏爱九月九日呢？古老的《易经》把"六"定为阴数，把"九"定为阳数，九月九日，日月并阳，两九相重，故曰重阳，也叫重九。古人认为这是一个至尊吉祥的日子，很早就开始在这一天举行节庆活动了。

重阳节，早在《楚辞》中就有提及。屈原的《远游》中写道：

> 集重阳入帝宫兮，
>
> 造旬始而观清都。

这里的"重阳"是指天，还不是节日的名称。这是迄今为止最早对"重阳"一词的记载。

以重阳为节，是从汉代才开始的。据西汉刘歆《西京杂记》记载，西汉初年的皇宫中，每年九月九日，已有"佩茱萸、食蓬饵、饮菊花酒"的习俗。相传汉高祖刘邦的爱妃戚夫人被吕雉残害后，戚夫人的侍女贾佩兰被驱逐出宫，嫁至民间，也就将这些习俗带到了民间。从此以后，宫廷、民间一起庆祝重阳节，并且在节日期间进行各种各样的活动。当时民间有重阳日登高的习俗，因而重阳节又称登高节。

三国时魏文帝曹丕的《九日与钟繇书》，则开始出现重阳的饮宴了："岁往月来，忽复九月九日。九为阳数，而日月并应，俗嘉其名，以为宜于长久，故以享宴高会。"

由此可见俗重"重阳"的原因，在于九月九日两阳相重。

东晋初年，大诗人陶渊明在《九日闲居》序文中说："余闲居，爱重九之名。秋菊盈园，而持醪靡由，空服九华，寄怀于言。"此时已经有了专指九月九日的"重九"之名，也有了诗人们饮酒赏菊吟诗的习俗。

《晋书·孟嘉传》记载，晋朝大将军桓温与手下参军大将孟嘉，在重阳节共同登龙山赏景宴饮，孟嘉醉心于大自然的美景，连风吹落了帽子他都丝毫未察觉。

南朝梁人宗懔所著的《荆楚岁时记》中云："九月九日，四民并籍野饮宴。"可见魏晋南北朝时期，重阳节已成盛行的节日。

到了唐代，重阳被正式定为民间节日，此后历朝历代沿袭至今。重阳与三月初三日"踏春"皆是家族倾室而出，重阳这天所有亲人都要一起登高"避灾"。

宋代的重阳节更为热闹，《东京梦华录》记载了北宋时重阳节的盛况。《武林旧事》也记载南宋宫廷"于八日作重九排当"，以待翌日隆重游乐一番。

明清时期，皇宫中宦官、宫妃从初一时就开始一起吃花糕庆祝。九日重阳，皇帝还要亲自到万岁山登高览胜，以畅秋志。

20 世纪 80 年代起，一些地方把农历九月初九日定为老人节，取其生命长久、健康长寿之寓意，倡导全社会树立尊老、敬老、爱老、助老的风气。1989 年，政府将农历九月初九定为"老人节""敬老节"。

生活气息

古人庆祝重阳佳节一般会举行出游赏景、登高远眺、观赏菊花、遍插茱萸、吃重阳糕、饮菊花酒等活动。

经过久远的历史流变，重阳节成为一个传统节日。古人庆祝重阳佳节一般会举行出游赏景、登高远眺、观赏菊花、遍插茱萸、吃重阳糕、饮菊花酒等活动。今人步履匆匆，奔波于俗世，早已淡忘了那些美好的情境和风雅的事，只剩下登高、尊老等标签来标记这个节日。

登高远眺

观景 ○ 医俗

农历九月初九，天气逐渐转凉，早晚的草尖上挂着一颗颗晶莹的露珠。北方的田野一派深秋的景象，白云红叶，偶见早霜。南方也秋意渐浓，蝉噤荷残。

秋风肃杀，淫雨霏霏，面对草枯叶落、花木凋零的景象，老年人和漂泊在外的游子更容易触景生情，引发凄凉忧郁、悲愁伤感的心绪。有什么方法可以化解悲秋之情呢？秋天登高，就是其一。

我国素有重阳节登高的习俗。重阳登高不仅可以在自然美景中锻炼身体，还可以在登高的过程中怀古思今、陶冶情操。所以在秋高气爽、天高云淡的季节，登高远眺，高喊几声呼出胸中浊气，对抑制悲伤的情绪大有好处。这就是火克金、喜胜悲的中医学理念。这种登高活动有很好的宣肺作用。

古代的中国非常重视在山川之间的祭礼，渡河是春的祭礼，登山是秋的祭礼。《诗经》中就有春天水边聚会、秋天高地游览的主题诗歌。河川具有净化的作用，登高也是向往清爽所在，也具有净化的作用。

登高，在两晋南北朝既可登山，又可登台榭、高馆。前者有著名的孟嘉"龙山落帽"的故事，后者如《南齐书》所记，刘裕在彭城，九月九日游项羽戏马台，"至今相承，以为旧准"。

隋朝登高一般只在高处即可，登山之举越来越少。隋杜公瞻为《荆楚岁时记》注释说："近代皆宴设于台榭。"登高远眺，心胸顿觉宽广，更为饮酒咏诗助兴。

唐代孙思邈《千金月令》说："重阳之日，必以肴酒登高眺远。为时宴之游赏，以畅秋志。"登高远眺作为医俗，具有袚除郁气的作用。

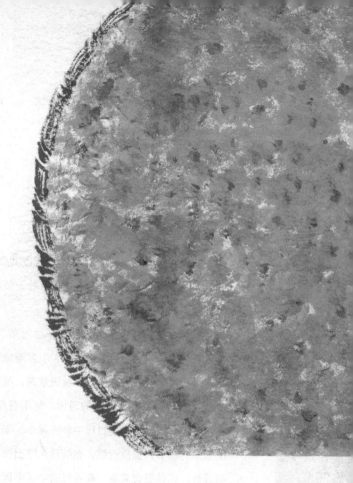

晒秋

丰收◦农俗

　　晒秋是一种农俗，具有极强的地域特色。在湖南、江西、安徽等地的山区，由于地势复杂，村庄平地极少，村民只好利用房前屋后及自家窗台、屋顶架晒或挂晒农作物，久而久之就演变成一种传统农俗现象。这种村民晾晒农作物的特殊生活方式和场景，逐步成了画家、摄影家创作的素材，他们塑造出有诗意的"晒秋"的称呼。

　　晒秋，"秋"指丰收的农作物和果实。其实晾晒这种农俗现象，并非秋季"专属"，一年四季都有，只不过秋季为丰收季节，表现得更为丰富、更有"神韵"罢了。著名歌唱家宋祖英就曾为家乡的"晒秋"习俗演唱过一首《晒秋》的歌曲，而婺源的《晒秋》民歌也在当地传唱了很多年。

　　发展至今，全国不少地方的这种晒秋习俗慢慢淡化，然而在江西婺源的篁岭古村，晒秋已经成了农家喜庆丰收的"盛典"，篁岭晒秋被文化部评为"最美中国符号"之后，其更演变成乡村旅游发展的"图腾"和名片。篁岭每年重阳举办晒秋文化节，吸引数十万人去婺源赏秋摄影。

　　挂在山崖上的篁岭古村，地无三尺平，数百年来，村民早已习惯用平和的心态与崎岖的地形"交流"。自然条件的局限激发了先民的想象和创造力，从而在无意间

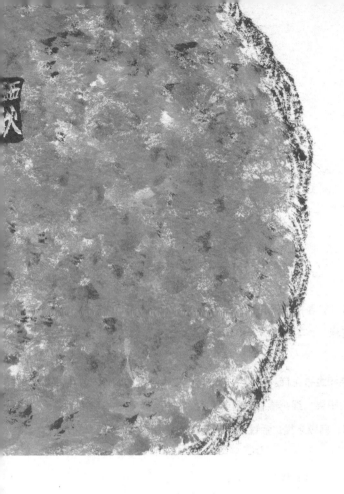

造就了一处中国绝无仅有的"晒秋人家"风情画。

篁岭古村数百栋徽派古民居错落有致地分布在有百米落差的坡面上，每当日出山头，晨曦映照，整个山间饱经沧桑的徽式民居土砖外墙与晒架上圆圆晒匾里五彩缤纷的丰收果实组合，绘就世界独一无二的"晒秋"农俗景观：春晒山蕨、水笋；夏晒干菜、瓜果；秋晒辣椒、黄菊；冬晒果脯、腌菜……一年四季绵延有序。

可以说，篁岭古村既是自然的宠儿，也是人文的杰作，更是造物主遗落在人间的一块美玉。这里一年四季都是画家和摄影家的创作乐园。

安徽歙县霞坑镇石潭村，也较好地保留着晒秋现象，秋季有大量新鲜蔬菜瓜果需要晒干贮藏，形成了蔚为壮观的景象。每年霜降前后数周，正是秋阳杲杲、金风送爽的时节。那承载着泥土深情和农人喜悦的玉米、南瓜、茱萸、辣椒、灯笼柿陆续收获，田地里的斑斓渐渐隐去，而另一道风景在晴空下一一展现：院场里、门前空地、农家屋顶，各种果实你方晒罢我登场。晒簟铺成五色斑斓的调色板，显摆出归仓前最骄傲的风采。

重阳花糕

节日○食俗

九九重阳，民间同样有着节日的独特食俗。重阳节的食俗是吃花糕，因"高"与"糕"谐音，故应节糕点谓之"重阳花糕"，寓意为"步步高升"。重阳糕又称菊糕、五色糕，制无定法，较为随意。

花糕主要有糙花糕、细花糕和金钱花糕。糙花糕上粘有些许香菜叶作为标志，中间夹上青果、小枣、核桃仁之类的干果；细花糕有两层或三层，每层中间都夹有较细的蜜饯干果，如苹果脯、桃脯、杏脯、乌枣之类；金钱花糕与细花糕基本同样，但个儿较小，如同"金钱"一般。

重阳花糕的制作是个细致活儿。其制作方法如下：

1. 红绿果脯切丝备用。

2. 将适量赤豆、白糖和豆油制成干豆沙备用。

3. 将糯米粉和粳米粉掺和，取其中部分拌上红糖，加水拌成糊状。将其余的粉拌上白糖，加水搅和拌匀。

4. 取蒸笼，每层笼屉铺上清洁的湿布，放入1/2的糕粉刮平，将豆沙均匀地撒在上面，再把剩下的1/2的糕粉铺在豆沙上面刮平。

5. 用旺火蒸。待汽透出面粉时，把糊状粉浆均匀地铺在上面，撒上红、绿果脯丝，再继续蒸至糕熟，即可关火。

6. 将糕取出，用刀切成菱形糕状，另用彩纸制成小旗，插在糕面上即成。

九月九日天明时，以片糕搭儿女头额，口中念念有词，祝愿子女百事俱高，乃古人九月做糕的本意。讲究的重阳糕还为了追求"九"的吉利而做成九层，像座宝塔一样，上面站立着两只"小羊"，以符合重阳（羊）之义。有的还在重阳糕上插一小红纸旗，并点蜡烛灯。这大概是用"点灯""吃糕"代替"登高"的意思，用小红纸旗代替茱萸。当今的重阳糕，仍无固定品种，各地在重阳节吃的松软糕类都被称为重阳糕。

重阳节的食俗是吃花糕，因"高"与"糕"谐音，故应节糕点谓之"重阳花糕"，寓意为"步步高升"。

文艺范儿

一候鸿雁来宾；二候雀入大水为蛤；三候菊有黄华。

菊花、茱萸和酒

清雅◎诗境

每个季节、每个月份都有着一种适合其精神气质的花，也通常是这个季节、这个月份盛开得最灿烂热烈的花。寒露到来的农历九月又称菊月，是菊花盛开的月份，所以重阳节又称"菊花节"。

和大多数春夏盛开的花不同，秋季盛开的菊花，越是霜寒露重，越是开得艳丽。我国古代将寒露分为三候："一候鸿雁来宾；二候雀入大水为蛤；三候菊有黄华。"其中"菊有黄华"指的正是菊花开放得雍容华贵的姿态。

菊花是很受人们喜爱的一种花，梅兰竹菊被称为"四君子"，菊花尤以其清雅淡泊的品性获得世人的宠爱。在古代的神话传说中，菊花还总是被赋予吉祥、长寿的寓意。

秋意浓了，野生的菊花开得漫山遍野，所以外出登高的人们也不忘观赏菊花、采摘菊花。有的地方还会举办菊花大会，人们倾城而出，赴会赏菊。还有小范围的菊花会，是富贵人家举办的，他们不必出家门便可赏菊。他们一般在霜降前就采集上百盆名品菊花，放置于广厦中，前轩后轻，也搭菊花塔。菊花塔前放上好酒好菜，先是家人按长幼次序，鞠躬作揖拜菊花神，然后喝酒赏菊，泼墨赋诗。

魏晋以来，重阳聚会饮酒、赏菊赋诗已成时尚。东晋诗人陶渊明那首脍炙人口的《饮酒（其五）》就是重阳赏菊饮酒的最佳意境写照：

> 结庐在人境，而无车马喧。
>
> 问君何能尔？心远地自偏。
>
> 采菊东篱下，悠然见南山。
>
> 山气日夕佳，飞鸟相与还。
>
> 此中有真意，欲辨已忘言。

　　自己庭院里的菊花开得明艳动人，悠悠然地采几枝盛放的插入瓶中，桌上一壶美酒相伴，宁静的此刻适合与南山无言对视。坐在菊花丛中，品一杯菊花酒，心中无所牵绊无所挂碍，这是多么淡泊、诗意的人生境界啊！实在是读书人的风雅情怀。

　　以花入酒是古人爱做的事情，菊花当然也曾入酒。古书记载："九月九日，采菊花与茯苓、松脂，久服之，令人不老。"唐代孟浩然的《过故人庄》中"待到重阳日，还来就菊花"一句，也是说对菊花酒心心念念，相约明年还要一起把酒话桑麻。

　　菊花含有养生成分，晋代葛洪的《抱朴子》有南阳山中人家饮用遍生菊花的甘谷之水而益寿的记载。重阳佳节饮菊花酒，是中国的传统习俗。菊花酒，在古代被看作重阳必饮、祛灾祈福的"吉祥酒"。

　　菊花酒汉代已见，其后乃有赠菊祝寿和采菊酿酒的故事，如魏文帝曹丕曾在重阳日赠菊给钟繇，梁简文帝《采菊篇》有"相呼提筐采菊珠，朝起露湿沾罗襦"之句，描写采菊酿酒的情景。直到明清，菊花酒仍然盛行，在明代高濂的《遵生八笺》中仍有记载，是盛行的养生饮料。

　　九月九日插茱萸也是古代重阳节的习俗，所以重阳节又叫作茱萸节。插茱萸和簪菊花在唐代就已经很普遍。民间认为九月初九也是逢凶之日，多灾多难，所以在重阳节人们喜欢佩戴茱萸以辟邪求吉，茱萸因此还被人们称为"辟邪翁"。茱萸香味浓郁，有驱虫去湿、逐风辟邪的作用，并能消积食，治寒热，可制成茱萸酒养生祛病。

那 些 与 重 阳

/nà/ /xiē/ /yǔ/ /chóng/ /yáng/

相 邻 的 节 气

/xiāng/ /lín/ /de/ /jié/ /qì/

和 节 日

/hé/ /jié/ /rì/

春的播种、夏的耕耘，在秋日都得到回报，重阳是庆祝丰收的节日。

丰收的喜悦，是想要与远方的亲人分享的，登上高处，遍插茱萸，谁人共饮菊花酒？寒露起，秋风疾，寒冬将来临，一年中难得的闲暇时光里，生活应该有很多具有仪式感的事情，比如送寒衣、迎冬、贺冬等。在寒风中围着那一方温暖的火炉，大人们开始为过年做准备，年味一天天浓起来了，年的热闹也越来越明显。又是一个新年，又是一个四季。

话说寒衣节

02

我国自古以来就有刚刚丰收时祭奠祖宗的
习俗，这是尊亲孝祖、不忘本的良好美德。

农历十月初一，又称十月朝、十月朔，在我国古代是一个节日。其在后世最流行的
名字是寒衣节，是上坟扫墓、为祖先送寒衣的日子。又叫祭祖节、冥阴节，民众称为鬼
头日，是我国传统的祭祀节日。

我国自古以来就有刚刚丰收时祭奠祖宗的习俗，这是尊亲孝祖、不忘本的良好美德。
因此在丰收的十月初一，古人用黍臞祭祀祖先。此时的祭祀有家祭，也有墓祭，南北方
都是如此，今天江南的许多地区，还有十月初一祭新坟的习俗。

十月朔作为节日，其来源主要有三种说法。

一是《荆楚岁时记》所记载的"十月朔日，黍臞，俗谓之秦岁首"，即秦朝曾以农
历十月为岁首，十月初一正是新年的第一天。

二是《礼记·月令》中描述了周代腊祭的情形：以猎物为祭品，天子在社坛上祭祀
日月星辰和众神，在门闾内祭祀五代祖先，同时慰劳农人，颁布新的作息制度。由此可
知，周朝的腊日节在十月，时值秋收完毕，地方官员亲自慰劳农人，让人们捕猎，安排
饮食娱乐，使农民得到休息。人们还要举行隆重的祭祀先祖和祭祀天宗、公社、门闾的
活动。后世的十月朝，应该是周朝腊日节的遗俗。

三是认为十月朔作为节日形成于汉末。《后汉书·张纯传》详细记载："袷祭以冬十月，
冬者五谷成熟，物备礼成，故合聚饮食也。"十月朔是产生于民间农时农事的节日，处
于一年之中农事终结、农民休息的月份，此时应该宴饮冬祭。这是通行于汉代的风俗。

综上所述，十月朔不论是起源于周、秦还是汉，都不那么重要了。但是一个基本的
共识是，十月朔在汉代民间已经成为一个秋收尝新、"合聚饮食"、庆祝农事完毕的节日。

生活气息

人们在加衣避寒的同时，也将冬衣捎给远在外地戍边、
经商、求学的游子，以示牵挂和关怀。

送寒衣

怀念 ○ 悲悯

寒衣节与清明节、中元节并称为中国三大鬼节。这一天，人们会通过各种方式祭奠先人，表达哀思。《诗经·七月》说："七月流火，九月授衣。"可见在古代，秋冬之交也是换衣的时节。此时秋天已近尾声，严冬即将来临，人们要为自己所关心的人准备御寒的衣物了，因此寒食节又俗称为授衣节。人们在加衣避寒的同时，也将冬衣捎给远在外地戍边、经商、求学的游子，以示牵挂和关怀。温暖的关怀不止对于尚在人世的亲朋，人们同样挂怀在另一个世界的亡灵是否缺衣少穿，也考虑周到，祭祀时除了食物、香烛、纸钱等一般供物外，还有一种不可缺少的供物——冥衣。在祭祀时，人们把冥衣焚化给祖先，隔空"送"去，叫作"送寒衣"。送寒衣，寄托着今人对故人的怀念，承载着生者对逝者的悲悯。

有关十月朔授衣、上坟、烧衣的记载，唐代就有了。《日知录》载："天宝二年八月制曰：禋祀者，所以展诚敬之心，荐新者，所以申霜露之思。自流火届期，商风改律，载深追远，感物增怀，且《诗》著授衣，令存休浣，在于臣子，犹及恩私，恭事园陵，未标典式。自今以后，每至九月一日，荐衣于陵寝，贻范千载，庶展孝思。且仲夏端午，事无典实，传之浅俗，遂乃移风，况乎以孝道人，因亲设教，感游衣于汉纪，成献报于礼文，宣示庶僚，令知朕意。"这一诏令直接影响到汉族民间拜墓送衣的习俗。由于十月方入冬，九月稍嫌早，这一习俗在宋代便推移到十月朔日。

宋代十月朔的记载开始多起来，其习俗主要表现在三个方面：授衣、

祭祀和开炉。《宋史·舆服志》说，宋初沿袭五代旧制，每岁赐诸臣时服。据《东京梦华录》记载，东京汴梁九月"下旬即卖冥衣靴鞋席帽衣段，以十月朔日烧献故也"，至"十月一日"，则"士庶皆出城飨坟，禁中车马出道者院及西京朝陵。宗室车马，亦如寒食节"。《梦粱录》记南宋临安也是说，"士庶以十月节出郊扫松，祭祀坟茔。内庭车马，差宗室南班往攒宫行朝陵礼"。宋人祀祖用"绵球楮衣"，后世称之为"寒衣"，宋时尚无此称。

元代将十月一日祭祖上坟称为"送寒衣节"。《析津志辑佚·岁纪》说："是月，都城自一日之后，时令谓之送寒衣节。祭先上坟，为之扫黄叶。此一月行追远之礼甚厚。"可见北京在元代盛行送寒衣的习俗。

明代刘侗、于奕正《帝京景物略·春场》有当时寒衣节的详细记载："十月一日，纸肆裁纸五色，作男女衣，长尺有咫，曰寒衣，有疏印缄，识其姓字辈行，如寄书然。家家修具夜奠，呼而焚之其门，曰送寒衣。新丧，白纸为之，曰新鬼不敢衣彩也。送白衣者哭，女声十九，男声十一。"

清代潘荣陛《帝京岁时纪胜·送寒衣》上有描述寒衣节的情形："十月朔……士民家祭祖扫墓，如中元仪。晚夕缄书冥楮，加以五色彩帛作成冠带衣履，于门外奠而焚之，曰送寒衣。"

后来，有的地方烧寒衣的习俗有了一些变化，不再烧寒衣，而是"烧包袱"。人们把许多冥纸封在一个纸袋之中，写上收者和送者的名字以及相应称呼，称之为"包袱"，将其烧与亡灵。人们认为，冥间和阳间一样，有钱就可以买到许多东西。

开炉

入冬。暖炉会

自汉武帝改用夏历、以正月为岁首后，十月朔便成为由秋入冬的标志，与此相联系的开炉的习俗，也就渐渐固定在十月一日并流行起来。

唐代《唐六典》记载，十月朔也叫朝官府，是一个相当重要的日子，这天官员会放假一天。《四时宝镜》说十月朔官员要买暖炉的炭火。《开元天宝遗事》也有消寒会的记载。

宋代的北方有暖炉会，南方叫"开炉"。这样的习俗和我们现代的定时供暖差不多。宋周密《武林旧事》就有这样的说法："是日，御前供进夹罗御服，臣僚服锦袄子夹公服，'授衣'之意也。自此御炉日设火，至明年二月朔止。皇后殿开炉节排当。是月遣使朝陵，如寒食仪。都人亦出郊拜墓，用绵球楮衣之类。"这儿的"授衣"应该和《诗经》中"九月授衣"的意思差不多。而"出郊拜墓"，在古时，却是一件很隆重的事。十月初一的前一天，就要由家族长率领儿孙们到祖坟添土。添土不用筐篓，要用衣服兜着，兜的土越多，族里人丁越兴旺。节日当天，则由族长带领家族中的男性，抬着食盒、大方桌和丰盛的供品，逐个到坟前祭拜，叫"上大坟"，相当隆重。

元、明、清时期，开炉和暖炉的风俗仍有流行，开炉烧茶成为这天的一件乐事。

没有时钟，没有手表，古代的人们却很注重时间和节令的概念。什么时候春耕，什么时候收割，什么时候晒衣，什么时候烤火，都是有序的。开炉也是充满仪式感的，经过这一天的这一步，炉火就要温暖整个冬季了，围炉博古也就成为古代女子冬日消遣的浪漫场景。

"十月初一烧寒衣"，早已成为北方凭吊已故亲人的风俗。

文艺范儿

孟姜女千里送寒衣

爱情 ○ 传说

相传，秦时江南松江府孟、姜两家，种葫芦而得女，取名孟姜女，配夫范喜良。二人新婚燕尔，喜良就被抓去服徭役，修筑北疆长城。秋去冬来，孟姜女千里迢迢，历尽艰辛，为丈夫送衣御寒。谁知到达北疆，却被告知丈夫已累死在工地上，并被埋在城墙之内。孟姜女悲痛欲绝，对着长城昼夜痛哭，用咬破手指"点血入骨"的方式找到了丈夫尸体。

孟姜女哭倒长城后，与秦始皇面对面地抗争，为夫报仇、替己出气，最后怀抱丈夫遗骨，纵身跳海殉夫。就在她跳海的刹那，海上波涛澎湃，缓缓拱起两方礁石。据说海上姜女坟，海潮再大也不曾没顶。

由于孟姜女千里寻夫送寒衣的故事，长城内外便将农历十月初一这天称作"寒衣节"。"十月初一烧寒衣"，早已成为北方凭吊已故亲人的风俗。

话说寒露

夜晚，仰望星空，你会发现
斗转星移，代表盛夏的"大火星"
已西沉。我们仿佛隐隐听见冬天
的脚步声了。

寒露是二十四节气中的第十七个节气，
属于秋季的第五个节气。寒露来临是在每年
公历的 10 月 7 日至 9 日，天文学上以太阳
到达黄经 195°时为开始。

寒露的来临意味着深秋时节的临近。《月
令七十二候集解》说："九月节，露气寒冷，
将凝结也。"寒露的意思是气温比白露时更
低，地面的露水更冷，快要凝结成霜了。

白露、寒露、霜降三个节气，都表示水
汽凝结现象，而寒露是气候从凉爽到寒冷的
过渡。夜晚，仰望星空，你会发现斗转星移，
代表盛夏的"大火星"已西沉。我们仿佛隐
隐听见冬天的脚步声了。

寒露时节，气温继续下降，南岭及以北
的广大地区均已进入秋季，东北和西北地区
已进入或即将进入冬季。我们的首都北京大
部分年份这时已可见初霜。除青藏高原外，
东北和新疆北部地区一般已开始降雪，千里
冰铺，万里雪飘，与华南秋色迥然不同。

古人将寒露分为三候：一候鸿雁来宾；二候雀入大水为蛤；三候菊有黄华。俗话说：大雁不过九月九，小燕不过三月三。到了寒露，秋风中的鸿雁排成"一"字或"人"字形。列队向着温暖的南方迁徙，寥廓的蓝色天空下，它们的身影画出美丽的痕迹。深秋天寒，雀鸟好似倏忽不见，古人看到海边突然出现很多蛤蜊，并且贝壳的条纹及颜色与雀鸟十分相似，便以为它们是雀鸟变成的。再过些天，菊花经霜怒放，黄得艳丽，灼灼夺目，和秋日黄叶一起点缀大地。

寒露之后，露水增多，气温更低。此时我国有些地区会出现霜冻，北方已呈深秋景象，白云红叶，偶见早霜，南方也秋意渐浓，蝉噤荷残。我国传统将寒露作为天气转凉变冷的表征。仲秋白露节气"露凝而白"，至季秋寒露时已是"露气寒冷，将凝结也"。

寒露节气因靠近重阳节，登高山、赏菊花等便也成为寒露节气的习俗。

赏红叶

唐代杜牧在《山行》一诗中这样写道：

远上寒山石径斜，白云生处有人家。
停车坐爱枫林晚，霜叶红于二月花。

其中的名句"霜叶红于二月花"说的就是这个季节的枫叶。停下车马，是因为被枫林晚景所吸引，那经霜的枫叶竟然比二月的鲜花还要火红耀眼。所以这个节气适合赏红叶。

不同于坐在窗台下或者走到街道上看叶子，赏红叶重在"赏"。北京地区观赏红叶的习俗尤为突出。北京之美在秋季，秋季之美在香山，香山之美在红叶。说到在北京看红叶，首先就要提到香山。

香山位于北京市西北郊的西山东麓，这里层峦叠嶂，海拔575米，满山是黄栌树，霜后呈深紫红色。霜降时节，香山方圆数万亩坡地上红艳似火，远观以为它是一片片花瓣，近看才辨清是一片片椭圆的树叶。香山观赏红叶绝佳处是森玉笏峰小亭，从亭里极目远眺，远山近坡，鲜红、粉红、桃红，层次分明，似红霞缭绕，情趣盎然。

香山红叶观赏期从9月下旬到11月上旬，最佳时期是10月15日至30日。香山的红叶闻名海内外，每年举行的红叶节都吸引无数游客前来观赏。红叶渲染了北京最浓最醇的秋色，那一片色彩斑斓的秋日胜景，像诗画一般灿烂。

话说下元节

04

下元节，就是水官旸谷帝君解厄之日，俗谓是日，水官
根据实地考察奏禀天庭，为人们解除厄难。

农历十月十五是古老的下元节，是中国民间传统节日，亦称"下元日""下元"。

下元节的形成与道教的信仰有关。道家有三官：天官、地官和水官，天官赐福，地官赦罪，水官解厄。三官的诞生之日分别为农历的正月十五、七月十五和十月十五，这三天被称为"上元节""中元节""下元节"。下元节，水官旸谷帝君根据实地考察奏禀天庭，为人们解除厄难。这一天，道观做道场，民间则祭祀亡灵，都是希冀下元水官排忧解难。

随着时间的流逝，民间逐渐抛开道教信仰的局限，形成了独特的节日风俗，祭祀祖先、祈求福禄成为主流。

此外，在民间，下元节这一日，还有民间工匠祭炉神的习俗，炉神就是太上老君，此俗大概源于道教用炉炼丹。

生活气息

古人于祭祀之前，应沐浴更衣，不饮酒，不吃荤，以求外则不染尘垢，内则五脏清虚，洁身清心，以示诚敬，称为斋戒。

修斋设醮

祈福 ○ 禳灾

　　下元日是道教斋法中规定的修斋日期之一。道教认为凡是要仰仗神力的事，如祈福、禳灾、拔苦、谢罪、求仙、延寿、超度亡魂等等，皆要修斋。修斋的方法大致分两类。一类略有三种：一设供斋，即设坛供斋醮神，借以求福免灾，可"积德解愆"。二节食斋。古人于祭祀之前，应沐浴更衣，不饮酒，不吃荤，以求外则不染尘垢，内则五脏清虚，洁身清心，以示诚敬，称为斋戒，可"和神保寿"。三心斋，可"夷心静然"。

　　修斋的另一类大略有九种：一粗食，二蔬食，三节食，四服精，五服牙，六服光，七服气，八服元气，九胎食。

　　除此之外，如持诵、忏法、祭炼等一切法事，也都包括在修斋范围之内。

祭祖

灵魂○信仰

　　随着日月的流逝，下元节在民间逐步演化为准备丰盛果馔菜肴祭祀祖先亡灵、祈求福禄的传统祭祀节日，祈愿祖先在冥冥中保佑子孙后代免于灾难和不幸。一般来讲，对祖先的祭祀地点是宗庙、祖先堂、家庙。全国各地在具体的祭祖求福中各自有不同的习俗。山东省邹县民间，在下元节这天，要专门建醮设宴，祭祀祖先。湖南省宁远县民间，在下元节前后，还要普遍进行迎神赛会。

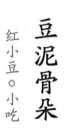

豆泥骨朵

红小豆○小吃

　　下元节也有其独特的节令食品，以北京为例，过下元节时，家家户户都要做"豆泥骨朵"，也就是豆沙包子，"豆泥"就是红小豆做的"豆沙馅儿"。这种一年四季都能吃到的"豆沙包子"，在几百年前的明代，早已是孟冬十月的节令食品了。

打糍粑

年糕。美食

　　糍粑也称年糕，多在过年的时候食用。糍粑是一种美食，制作糍粑的过程也十分有趣，是千百年流传下来的一种民俗活动。打糍粑流行于中国南方地区，贵州、重庆、四川、江西、湖南、福建、湖北、广西等省市都有这个风俗，是过年前的一项重要活动。

　　糯米先用清水浸泡，蒸熟后放在石臼里，然后用一根大木棒反复用力往臼里打，直到把糯米捣成糊状为止。这一过程往往要由几个有力气的人轮流操作，所以被形象地叫作"打糍粑"。舂至绵软柔韧的糯米饭泥趁热被捏成大大小小的团状，搁在香芝麻粉拌白砂糖的盘里滚动，取出来就可以食用了。手工打糍粑很费力，但是做出来的糍粑柔软细腻，味道极佳。

　　打糍粑自重阳节后就可以开始了。农村里谁家下半年有喜事，都要做红糖拌糍粑招

待客人，以图吉利。糍粑有纯糯米做的，有小米做的，也有糯米与小米或者糯米与玉米拌和打成的。此外，用糯米与黏米磨成粉，倒在一种内刻图案花纹的木雕模子里做的，俗称"脱粑"。

糍粑做得多，一时吃不完的，用清水浸泡在水缸内，这样储藏几个月都不会坏，到插秧时还有糍粑吃。

糍粑可以用炭火烤着吃，两面焦黄，脆香脆香的；也可以用青菜煮汤下着吃，绵软劲道，比面条的滋味要好；和腊肉一起炒着吃也是不错的选择，糍粑里面浸润了腊肉的香味，油而不腻。

话说霜降

农谚说：霜降到，无老少。此时田地里的庄稼不论成熟与否，都要收割了。男女老少都在田间进行收割的劳作，收获的喜悦自然溢于言表。

05

霜降是二十四节气中的第十八个节气，是秋季的最后一个节气，时值每年公历 10 月 23 日左右，以太阳到达黄经 210° 为开始。

《月令七十二候集解》云："九月中，气肃而凝，露结为霜矣。"此时，黄河流域的千里沃野上，天气渐冷，白霜初现，一片银色冰晶熠熠闪光，枯黄的落叶飞舞着回到大地的怀抱。气象学上一般把秋季出现的第一次霜叫作"早霜"或"初霜"，而把春季出现的最后一次霜称为"晚霜"或"终霜"。

霜是水汽凝成的，水汽怎样凝成霜呢？南宋诗人吕本中在《南歌子·旅思》中写道："驿内侵斜月，溪桥度晚霜。"陆游在《霜月》中写有"枯草霜花白，寒窗月影新"。这说明寒霜出现于秋天晴朗的月夜。秋夜没有云彩，地面上如同揭了被，散热很多，温度骤然下降到 0℃ 以下，靠近地面空气中的水汽就会在溪边、桥间、树叶和泥土上凝结，形成细微的冰针，有的形成美丽的霜花。

霜降的三候分别是：一候豺乃祭兽；二候草木黄落；三候蛰虫咸俯。豺狼将捕获的猎物先陈列再食用，大概也是出于对自然馈赠的感激和对来之不易的食物的珍视。树叶枯黄掉落，在大地的怀抱中化作春泥，继续新一轮的奉献与使命。要冬眠的蛰虫也全躲在洞中不动不食，进入冬眠状态。

霜降对于农民来说意义重大，是每年秋后农业收获的一大节气。农谚说：霜降到，无老少。此时田地里的庄稼不论成熟与否，都要收割了。男女老少都在田间进行收割的劳作，收获的喜悦自然溢于言表。

春季在惊蛰日祭祀,秋季在霜降日祭祀。

生活气息

祭旗纛

祈祝 ○ 兵事

《周礼》中记载，大司马重视旗鼓，凡是出师的时候，都要祭祀旗纛，祭祀军牙六纛之神。牙旗，是主帅身份的标识；纛，是皇帝乘舆上的标记性装饰，天子有六军，因而称六纛。

汉高祖曾在沛丰供奉黄帝，祭祀蚩尤，用白蛇的血涂抹旗鼓行祭祀之礼。自唐以后，各个朝代的旗纛之祭更为普遍。各地设有旗纛庙，庙中有高台设置军牙六纛神位，选春季惊蛰日和秋季霜降日祭祀。明代的祭旗纛成为中国古代史上军事性祭祀的最高峰，最多的时候一年要举行 24 次祭祀。京城旗纛庙祭祀所用的旗纛平日存放在宫廷内府，规定的祭祀日或战事来临时才取出，比如霜降这一天在校场祭祀，岁末祭祀太庙时在承天门外，这个时候就需要取出旗纛。

清代的祭旗纛不再是例行之事，只在皇帝亲征或命将出征时举行，也不再沿用明代的旗纛庙制，但旗纛在清朝军礼中仍有一席之地，在军事性祭祀中多有陈列。

习战射

操练◦围猎

　　露以润草，霜以杀木。露水润泽万物，霜则是杀伐的象征。为了顺应秋天的严峻肃杀，古人都在这个月操练战阵，进行围猎。正如《春秋感精符》所记载："季秋霜始降，鹰隼击，王者顺天行诛，以成肃杀之威。"季秋就是秋季的第三个月，农历九月。

　　自从汉代以来，霜降时讲习武事、比试射技，并进行赏罚，已成为惯例被沿袭下来。贾思勰《齐民要术》还将其列为农家九月中的事宜，"缮五兵，习战射，以备寒冻穷厄之寇"。霜重天寒，练兵秣马却不可松懈。

打霜降

收兵 ○ 仪式

　　相传清代以前，霜降日这天在各地的校场演武厅旁的旗纛庙举行隆重的收兵仪式。按古俗，每年立春为开兵之日，霜降是收兵之期。这一天，府、县的总兵和武官们都要全副武装，身穿盔甲、手持各色兵器，由标兵开路，鼓乐齐鸣，浩浩荡荡前往旗纛庙举行收兵仪式，以期祓除不祥，天下太平。

　　到清晨，武官们便会集于庙中，行三跪九叩首的大礼。礼毕，列队齐放空枪三响，然后再试火炮、打枪，谓之"打霜降"，万人空巷，观者如潮。

吃柿子

味鲜美。补筋骨

霜降是吃柿子的时节。这个时候的柿子皮薄、肉多、淡淡的甜掺杂着一丝酸涩，就像初恋的味道。

中医认为，柿子味甘含涩，性寒，归肺经，具有清热去燥、润肺化痰、止渴生津、健脾、治痢、止血等功效。所以，柿子是慢性支气管炎、高血压、动脉硬化、内外痔疮患者的天然保健食品。

柿子的品种繁多，大约有一千多种，根据果实在树上成熟前能否自然脱涩分为涩柿和甜柿两类。除鲜食外，人们还将柿子整个晒干制成柿饼。柿饼外部的白色粉末，叫作柿霜，它是由内部渗出的葡萄糖凝结成的晶体构成，是柿饼的精华所在。柿饼具有涩肠、润肺、止血、和胃等功效，适合脾胃消化功能正常的人食用。

千万要注意的是，空腹情况下不宜吃柿子。这是因为柿子含有较多的鞣酸及果胶，空腹吃的话容易在胃酸的作用下形成硬块，硬块越积越大而不能到达小肠，就会在胃中滞留形成胃柿石，若无法排出，就会造成消化道阻塞，出现上腹部剧烈疼痛、呕吐，甚至呕血等症状，这在医学上称为"胃柿石病"。

柿子和苹果一起买回家摆放，则有着事事平安的美好祈愿，也是老一辈人在霜降的举动。

霜降进补

醇香○营养

　　霜降时节，养生保健尤为重要，民间有谚语"一年补透透，不如补霜降"和"补冬不如补霜降"的说法，人们认为全年补和冬补都不如秋补更要紧，足见这个节气对养生的重要性。

　　霜降时节，天气越发寒冷，民间有"煲羊肉""煲羊头""吃迎霜兔肉"的食俗。俗话说吃啥补啥，据说吃煲羊头有助于头风等疾病的治疗，医书上也有加"四珍""八珍"煲羊肉可以辅疗肺病、疟疾的记载。迎霜兔肉就是经霜的兔子肉，这时候的兔肉味道鲜美，营养价值较高。

52
53

文艺范儿

岭南放风筝

自由○飞舞

江南春季到来时,风力自下而上,因此放风筝非常流行。

江南放风筝,最适宜在清明前后。民谚道:杨柳青,放风筝。江南春季到来时,风力自下而上,因此放风筝非常流行。北方一些地区恰恰相反,是在入冬后才开始有放风筝的适宜环境,直到清明时停止。

岭南一带,则又不同,重阳节前后风力呈现有力上行的状态,风筝很容易飘摇直上。福建、广东各地,晚秋的风筝式样繁多,可以直冲云霄,可以高空遨游。当地有一种叫抬云的风筝,挂着藤弓,在半空中发出清脆声音,十分惹人喜爱。

话说立冬

人们终于迎来一年中不用从事田野劳作的休闲时光，也算是另一种意义上的"冬眠"啦。

06

立冬是农历二十四节气中的第十九个，时间是在每年公历的 11 月 7 或 8 日，其确定的依据是以太阳到达黄经 225°为准。立冬过后，北半球的日照时间将继续缩短，正午太阳高度继续降低。

对"立冬"的理解，我们还不能仅仅停留在冬天开始的意思上。追根溯源，古人对"立"的理解与现代人一样，是建立、开始的意思。但"冬"字就不那么简单了，在古籍《月令七十二候集解》中对"冬"的解释是"冬，终也，万物收藏也"，意思是说秋季作物全部收晒完毕、收藏入库，动物也已藏起来准备冬眠。看来，立冬不仅仅代表着冬天的来临，完整地说，立冬是表示冬季开始，"万物收藏"，躲避寒冷的意思。汉族民间以立冬为冬季之始，古人注重时间节点的仪式感，因而立冬一度也是汉族的传统节日之一。

立冬是收获祭祀与丰年宴会隆重举行的时间。在过去的农耕社会，农民们在立冬打谷脱粒、收储粮食之后，就开始"猫冬"了。人们终于迎来一年中不用从事田野劳作的休闲时光，也算是另一种意义上的"冬眠"啦。

我国古代也是将立冬后的十五天每五天再定出三候：一候水始冰；二候地始冻；三候雉入大水为蜃。此时水面开始结冰，土地开始冻结。野鸡一类的大鸟消失不见，仿佛变成了花色相似的大蛤遁入海底……

立冬是农历十月的大节。汉魏时期，这天天子要亲率群臣迎接冬气，对为国捐躯的烈士及其家小进行表彰与抚恤，请死者保护生灵，鼓励民众抵御外敌或恶寇的掠夺与侵袭。在汉族民间有祭祖、饮宴、卜岁等习俗，以时令佳品向祖灵祭祀，祈求上天赐给来岁的丰年，农民自己亦获得饮酒与休息的机会。

生活气息

立冬补冬，补嘴空。

迎冬

起始 ○ 开端

　　立冬与立春、立夏、立秋合称"四立"，它具有起始、开端的美好寓意，在古代社会是个重要的节日。农耕社会的人们，一年耕作，四季辛劳，便想利用立冬这一天好好休息，顺便犒赏一家人。

　　《吕氏春秋·孟冬纪》记载："是月也，以立冬。先立冬三日，太史谒之天子曰：'某日立冬，盛德在水。'天子乃斋。立冬之日，天子亲率三公九卿大夫，以迎冬于北郊。还，乃赏死事，恤孤寡。"说天子都要提前三日斋戒，于立冬那天率领群臣在北郊迎冬，回来后赏赐冬衣、矜恤孤寡，彰显仁爱。

贺冬

拜冬○庆贺

　　贺冬天，顾名思义，是庆贺冬至节，又称"拜冬"。宋代周密在《武林旧事·冬至》中这样描绘："朝廷大朝会庆贺排当，并如元正仪，而都人最重一阳贺冬，车马皆华整鲜好，五鼓已填拥杂沓于九街。妇人小儿，服饰华炫，往来如云。岳祠、城隍诸庙，炷香者尤盛。三日之内，店肆皆罢市，垂帘饮博，谓之'做节'。"人们换上新衣，往来庆贺，就跟大年初一一样热闹。直到民国，贺冬的传统习俗才越来越简化，但是诸如办冬学、拜师等活动，都固定化、程式化地选在这一天举行。

　　直至今日，有些地方贺冬的方式有了创新，在东北、华南、华中等地的立冬之日，冬泳爱好者们就用冬泳的方式迎接寒冷冬天的到来。

饺子

立冬时 ○ 包饺子

　　我国多地有立冬吃水饺的风俗。立冬时，包饺子，其味道既要同大白菜有异，还要蘸醋加捣烂的蒜一起吃，才算别有一番滋味。

　　立冬为什么吃饺子？因我国以农立国，很重视二十四节气，"节"者，即草木新的生长点。秋收冬藏，这一天为了改善一下生活，人们就选择了"吃饺子"这种方式。《礼记》中有"食瓜亦祭先也"的说法。

话说大雪

大雪，十一月节，大者，盛也，至此而雪盛矣。

　　大雪，是二十四节气中的第二十一个节气，时间一般是公历的 12 月 6 日至 8 日三天之一日。大雪节气的到来标志着仲冬时节的正式开始。大雪并不意味着此时的雪量一定很大，相反，大雪时的降水量多有减少，不过天气是真的更冷了，赏雪打雪仗的机会也是更多了几分。

　　花木管时令，鸟鸣报农时。天地间的花草树木、虫兽飞禽，它们都是按照季节和气候的变化而变化、活动，因此它们规律性的变化与行动，也被看作区分时令节气的重要标志。《月令七十二候集解》（通行本）说："大雪，十一月节，大者，盛也，至此而雪盛矣。"此时天气更冷，降雪更为频繁。大雪时节分为三候："鹖鸥不鸣。虎始交。荔挺出。"是说这个时期阳气萌动，寒号鸟不再鸣叫，老虎开始求偶；荔挺为兰草的一种，在这春意萌动的时候，它细嫩的身躯最早感受到阳气的萌动，开始抽出嫩绿的新芽。

银色的毛线针在昏暗的灯光下翻飞，母亲的细致与关怀，都被密密地藏进去。

生活气息

织毛衣

母亲 ○ 记忆

　　我的衣橱里面，至今还保留着一件天蓝色的毛线衣。它款式朴素，针法平常，历经岁月的涤濯，已逐渐缺少了色泽的鲜艳和毛线的柔软了。我一直舍不得丢弃的原因，是因为这是我母亲为我织的最好的毛衣。

　　我的母亲不擅女工，十多年前的某个冬天，她终于下定决心要为我织就一件温暖的毛衣抵御寒冬。当时的毛线色泽明艳，银色的毛线针在昏暗的灯光下翻飞，母亲的细致与关怀，都被密密地藏进去。我猜想她一定有过几次返工，才终于拿出这件成品。

　　这件毛衣，陪我度过了窘迫的青春时代，陪伴过我的大学生活，又见证了我初入职场的懵懂与激情，直到我初为人母，在夜起哺乳的时候，它仍然成为我温暖熨帖的选择。

　　我的舅妈却是从我记事起就很会织毛衣，所以小时候我表妹穿过很多颜色各异、针法新颖的毛衣。那时的冬天，围着火炉坐着，总要找点什么事来做，织毛衣真的是件很有诗意的事。嘴里的故事说着，手里的针线翻飞着，炉上的浓汤沸腾着，寒冷就只在窗外了。

　　前年我的孩子出生，舅妈还在百忙的家务之中给宝宝织了两件毛衣寄给我，一件鹅黄一件浅橘。

腌肉

揲搓○烟熏

小雪腌菜，大雪腌肉。大雪节气一到，就是适宜家家户户腌制"咸货"的时间了。将盐和花椒等入锅炒熟，凉透后将其细细地涂抹在各种肉类内外，反复揉搓，直至肉色由鲜艳转为暗淡、表面有液体渗出时，再把肉连同剩下的花椒盐一起放进大缸内，用棕榈树叶覆盖，再用石头压住，放在阴凉背光的地方。静待半个月后取出，挂在朝阳的屋檐下晾晒，或者吊在熏着柴火和秸秆烟的阁楼，以备新年之用。火不能烧起来看到火苗，只能是用烟慢慢熏。碎木屑加上新鲜的甘蔗渣、橘子皮、柚子皮等，都是熏腊肉的好材料。

从小吃惯的家乡味，多少年依旧钟情。公婆在老家的房子是商品房，没有屋檐、房梁或者阁楼，但是为了过年的那一碗腊肉，还是会想办法把腌好的肉挂在亲戚家的乡下房子里。经过一个多月的烟熏火燎，就收获了一条条金黄的腊肉。

老家的腊肉吃法有点不一样，除了炒着吃——加上大葱和辣椒都可以，还可以煮火锅，这一点与我们的荤菜都喜欢炖着热乎乎地吃一样。冬日沁甜的大白菜和胖萝卜丢进沸腾的肉汤里，又简便又美味。泥鳅和腊肉的搭配也是绝妙，汤汁是浓稠的黄色，只要想起就能勾起无数的馋虫来。

打雪仗

雪球 ○ 嬉戏

在天气严寒的北方，有"小雪封地，大雪封河"的说法，过了大雪节气，河面上都结着厚厚的冰层，大人小孩可以尽情地滑冰嬉戏。在湖南，每年见到那么几场大雪也并不太困难。

其实下大雪的时候，对雪的热情和欣喜已经远远大于雪带来的寒冷感受。找一块空地，从一个拳头大的雪球开始滚起，直到滚出一个雪人的头。用小铲子或者铁锹堆砌出雪人圆滚滚的身子，不求形态多美，只要够坚实就好。胡萝卜是一定要的，那是雪人的鼻子。没有桂圆籽，便去寻两颗深色的小石子镶嵌成眼珠。红丝带准备一根，系在雪人的脖子上，把白的头和白的身子分出界限来。

雪人堆好了，微笑着立在那里。我们却并没有停下来，打雪仗是少不了的。自然而然地，我们捏好雪球掷向彼此，飞散的雪块落在我们的脸上、脖颈上，与我们来一次亲密而短暂的接触。

雪带给我们的除了雪人和雪球雪仗，还有晶莹的冰凌。冰凌一般挂在屋檐下或者树枝树叶尖尖上，以笔直的身姿执着地不肯掉下来。大一点的孩子在屋檐下支好椅子，伸伸手就够到了，稍稍用力就掰下一根来，咬一截含在嘴里，无滋无味的，只是冰凉，也尝试过蘸了蜂蜜吃，吃着吃着，孩子们就笑成一堆了。

我想，我是会带着我的孩子一起堆雪人打雪仗的，等他长大一点。仿佛冬天一定要有一场雪，才算不辜负这一场寒冷。

话说冬至

冬至来临，天气可以说是真的寒冷了，辛劳一年的人们，此时开始修养身性，什么事都可以先放一放了。

冬至是二十四节气中的第二十二个节气，时间大概在阳历的 12 月 21 日至 23 日中的一日，俗称"冬节""长至节""亚岁"等。

冬至日是一年中白天时间最短的一天。过了冬至以后，太阳直射点逐渐向北移动，北半球白天逐渐变长，夜间逐渐变短，直到夏至日黑夜最短，白昼最长，周而往复，所以又有"冬至一阳生"的说法。冬至的到来预示着严寒的来临，却也透露出春天不远的讯息。

按照农历推算，冬至当在十一月，也称"子月"。在周朝时，"子月"曾一度被当作"正月"，所以冬至这个节气是周朝人们一年之中遇到的第一个节气，因而非常受重视。在这一天，贵为"天之子"的皇帝，要向老天爷祭拜、请示，臣民也放假，庆贺一年的新开端。到了汉朝，汉武帝恢复夏历，以"寅月"为正月，此法沿用至今，但是冬至仍然被当作重要节日，称为"亚岁"，这是和春节相比较而产生的一个别称，意思就是仅比过年差那么一点的地位，民间甚至有"冬至大如年"的说法。

冬至在有的地方被称为"肥冬"，这又是从习俗方面形象地给冬至取了个外号。因为此时年关将近，家家户户都在置办过年的物品来迎接新年，饮食方面尤其丰裕，所以给了它"肥冬"这样憨胖讨喜的外号。物质贫乏的古代，民众劳苦一年，平日都很节俭，只有到了冬至，家家谷粮满仓、美酒飘香，才是大快朵颐、享受生活的时候。"冬肥年瘦"这样的说法既有着一丝淡淡的惆怅，更多的是一种知足常乐的满足感。这一时期的人们是忙碌的，也是欢欣的，所以冬至又有了"喜冬"的称呼。"肥冬"和"喜冬"这两个名字，如果拟人的话，勾画的一定是一个体态丰腴、桃面如花的好脾气女子。

古人将冬至分为三候，元代吴澄撰写的《月令七十二候集解》（通行本）精练地概括为"蚯蚓结。麋角解。水泉动"。土中的蚯蚓仍然蜷缩着身体；麋鹿却已感受到了阴气退却的信息而解角；阳气初生，山中的泉水潺潺流动，好像还散发着一丝温热。

《黄帝内经》有言："早卧晚起，必待日光。"冬至来临，天气可以说是真的寒冷了，辛劳一年的人们，此时开始修养身性，什么事都可以先放一放了。《后汉书》记载："冬至前后，君子安身静体，百官绝事，不听政，择吉辰而后省事。"古代人们到了冬至前后，基本就不再劳作。官府要举行庆贺仪式，称为"贺冬"，连公务员都要例行放假休息了。"安身静体冬节后，煮酒消寒再画梅。"没有农事和公务缠身的人们消磨着缱绻的时光，红泥小炉上面温着青梅酒，画上那一枝红梅还等着点红。

虽然室外气温低，雨雪不断，但是冬日适当的户外运动，有助于增强人体抵抗力。"冬天动一动，少闹一场病；冬天懒一懒，多喝药一碗。"适当的寒冷刺激有利于新陈代谢，促使身体产生热量。

生活气息

冬至的饺子夏至的面。

冬至的饺子
夏至的面

娇耳○进补

　　俗话说：冬至的饺子夏至的面。冬至吃饺子，这是中国北方的风俗。冬至的饺子特殊在馅料，是用羊肉、辣椒和其他御寒的食材按照比例做成。既然重在食材，所以在北方大部分地区，还流行冬至宰羊喝羊肉汤的习俗，因为羊肉是热燥之物，可以暖身祛寒。南方地区则在这一天吃冬至米团、冬至长线面等。

　　冬至吃饺子，传说是为了纪念"医圣"张仲景发明了以中药为馅的御寒"娇耳"。流传至今，这一习俗被长久地保存了下来，馅料却已经变得丰富多样了。人们只记住了"冬至不端饺子碗，冻掉耳朵没人管"这一句。

　　湖南人过冬至，还有杀鸡宰猪的习惯，从这一天起把猪肉悬挂阴干，称之为"冬至肉"，"吃过冬至肉，身体赛牛犊"。不论是羊肉还是冬至肉，总之冬天来了，进补是第一位的，这样才好积蓄能量，抵御寒冬。

祭天

迎日 ○ 祭祖

冬至这天有一项悠久的风俗，那就是祭天。

冬至如何比年还重要？当然还有习俗为证。冬至这天有一项悠久的风俗，那就是祭天。古代的人们无法清楚地认识和解释很多自然现象，于是把这些自然现象都看作是对应的天神在操纵。原始信仰认为夏霜、冬雪、风霾、日食、地震等异常天文地理现象，全部都是天神的怒怨和对人类的惩罚，于是人们就天真地觉得祭祀天神能摆脱灾难，祭天也就成为一种至高无上的重要仪式，只有尊贵如天子才有资格来执行。尤其是明清两代，在古代祭祀的基础上，将祭天活动更加神圣化，于冬至这天在北京南郊的天坛祭天。老百姓不能参与神圣的祭天活动，但出于对天神的敬畏和崇拜，他们在民间会举行一种不算正规的"迎日"风俗来祭拜天神。

除了祭天迎日，冬至节也是先民感怀祖德、祭祀祖先的日子。祭祖的习俗，远在汉朝就有记载。汉人祭祖是用黄米做的"黍糕"。到了南北朝时期，又有传说说七个恶人死于冬至，死后变成的疫鬼惧怕赤豆，所以冬至又变成家家煮食赤豆粥。宋朝的人们在冬至日穿戴一新相互贺节，也非常热闹。商家休市三天，感觉都有点像过年了。

数九

节点 ○ 九九歌

冬至的存在还有一个重要的节点意义，那就是"数九"的开始，每九天为一个"九"，冬至日即"数九"的第一天，"数九寒天"就是从这里来的。人们计算着，九九八十一，八十一天后，九个"九"过完了，严冬就算熬过去了。

文人和士大夫们的消寒活动以饮酒吟诗为主，一则因为饮酒可以祛除寒气，抵御严冬；二是门外雨雪天气不能出行，漫漫长日总要找点事情做。于是择一"九"日，相邀九人，成一酒席，席上九碟九碗，推杯换盏，觥筹交错，时间飞逝而过却浑然不觉。

为了增添寒冬里的趣味和暖意，民间还有绘制张贴各种"九九消寒图"的习俗。消寒图是记载"数九"以来八十一天的阴晴风雪，进而占卜来年收成丰歉的一种艺术娱乐活动。

九九消寒图的形式多样，最基本的一种是格子消寒图，这是最简单的。横竖交叉各画十条线，就有了九九八十一个格子，每个格子中间画一枚铜钱，共要画八十一枚，每天按照歌谣涂画一枚，等到八十一枚铜钱全部画完，春天就到了。歌谣是这样唱的："上阴下晴雪当中，左风右雨要分清。九九八十一全点尽，春回大地草青青。"

明朝人刘侗等人编写的《帝京景物略》记载："日冬至，画素梅一枝，为瓣八十有一，日染一瓣，瓣尽而九九出，则春深矣，曰九九消寒图。"每每读到这样的地方，我的心底就蹿起一些骄傲和羡慕，我们的先辈们，真是活在一个诗意的世界里面啊！

文人雅士的消寒图更有新意，三行三列书写九个大字，每个字九笔，每笔双勾留下白空，如"庭前垂柳珍重待春风"，连起来还必须是一句完整的诗文，巧妙不已。从冬至日起，每日一笔，逐日逐笔填黑，待九个字都填完，九九就过去了，冰破燕来，桃花盛开。

关于"数九"，民间各地还流传着诸多的九九消寒歌。消寒图是高冷清雅的书画游戏，消寒歌则是老小皆宜的通俗逗趣，是时间与自然物候和生活习俗的完美结合。

"一九二九不出手，三九四九冰上走，五九六九沿河看柳，七九河开，八九燕来，九九加一九，耕牛遍地走。"这是北方最为脍炙人口的一首九九歌。

湖南的九九歌是这样的："冬至是头九，两手藏袖口；二九一十八，口似吃辣椒；三九二十七，见火亲如蜜；四九三十六，关住房门把炉守；五九四十五，开门寻暖处；六九五十四，杨柳树上发青绦；七九六十三，行人脱衣衫；八九七十二，柳絮满地飞；九九八十一，穿起蓑衣戴斗笠。"南北方的九九歌描绘的就是冬季南北方不一样的物候特征。

话说大寒

09

一年的节气在这里终止，也从这里迎来新的开始。

　　大寒是二十四节气中的最后一个节气，时间是公历的 1 月 20 日至 21 日中的一日，因为恰好与夏季的大暑相对应，所以称为大寒。《月令七十二候集解》（通行本）："大寒十二月中，解见前。"大寒，是天气寒冷到极点了，"四九夜眠如露宿"的"四九"，说的也就是大寒时节。

　　《月令七十二候集解》将大寒分为三候："鸡乳。征鸟厉疾。水泽腹坚。"大寒节气到了，家畜感知到春的气息，鸡开始孵小鸡了；远飞的鸟儿盘旋在高空中，物色过冬的食物；水面上的冰会一直冻到水中央，此时冰层最厚最结实，孩童们尽情地在河上溜冰玩耍。

　　谚语说：小寒大寒，冷成冰团。大寒到了，一年中最寒冷的时间就来临了。过了大寒，又迎来新一年的节气轮回。一年的节气在这里终止，也从这里迎来新的开始。

外婆边纳鞋底边哼一些戏曲的调调，或者拿起搁在针线篾篮里的那本旧书，咿咿呀呀读一段。

生活气息

纳鞋底儿

外婆◎好时光

外婆今年八十九。我总感觉她是一个大女人。我和表妹的童年里，她上山割猪草的时候，总会带给我们野生的猕猴桃、八月楂，以及其他各种时令果子。她能识字，爱读书，准确地说是吟书。

而外婆小女人的一面，给我印象最深的就是纳鞋底儿。她读书用的眼镜，在纳鞋底的时候也得戴上。眼镜腿上还有根细绳，戴眼镜的时候箍在头上，防止眼镜滑下来。

纳鞋底先得做鞋样儿，将废弃的布料剪成鞋底的样子，根据穿鞋人的脚大小不一。剪好的布料用糨糊层层粘贴，中间还放上一块同样式的薄纸板，再在最上面覆上几层柔软的布料。粗针粗线将鞋底缝上密密麻麻的波浪状的针脚，将多层布料弄得严严实实。

我还记得外婆家旧房子的火坑的样子，将十来厘米的长条石垒在四周，中间放上好大一个老树根，旁边不断添上一条条劈柴，火烧得旺旺的，上方有吊锅，熬着肉汤或者鸡汤，火堆的灰烬里埋着土豆或者红薯。外婆边纳鞋底边哼一些戏曲的调调，或者拿起搁在针线簸篮里的那本旧书，咿咿呀呀读一段。好时光让人昏昏欲睡。

大寒养生

养阳 ○ 补阴

　　大寒虽是一年中的最后一个节气，但却是一年"运""气"循环变化的开始。寒为冬季的主气，小寒大寒又是一年中最冷的时节。寒为阴邪，易伤人体阳气，基本的原则仍是《黄帝内经》中的那一句"春夏养阳，秋冬养阴。"人们经过了春、夏、秋三季，近一年的消耗使脏腑的阴阳气血有所偏衰。冬天是阴气最浓的季节，所以顺应冬天阴长的天时，应该给人体补阴，尤其是阴虚之体，千万不要错过冬季来平衡自己的阴阳。但是，冬天也不能忘了滋养阳气，因为冬季养生是四季养生的重中之重，冬天的养生关乎着来年的健康，冬天的阳光宝贵，日照短而弱；加之天气寒冷，人体内阳气易损耗，所以冬天也要重视养阳。

　　古有"三九补一冬，来年无病痛"的说法，足见冬日养生进补的重要性。小寒节气的饮食亦以进补为主，俗语说"冬吃萝卜夏吃姜，不用医生开药方"，小寒时节，多食用萝卜是一种补，涮羊肉狗肉火锅也是一种补。芝麻、核桃、杏仁、瓜子、花生、榛子、松子、葡萄干等零食在小寒之后备受欢迎，吃糖炒栗子、烤白薯也逐渐成为冬季的养生时尚。

　　当然，民谚也说："冬天动一动，少闹一场病；冬天懒一懒，多喝药一碗。"冬日养生最重要的还是加强身体锻炼，多进行户外活动，要根据各自的身体情况适当进行一些体育活动，特别是在有阳光时锻炼为佳。强身健体，增强御寒能力，这才是最重要的养生途径。

做尾牙

春节∪先声

在大寒至立春这段时间，有很多重要的民俗和节庆活动，如尾牙祭、祭灶和除夕等。因而大寒节气充满了喜悦、欢乐的气氛，是一个欢快轻松的节气。此时年味渐浓，人们开始忙着除旧布新，写春联、剪窗花，赶集买年画、彩灯、鞭炮、香火等，腌制腊味，准备年货，因为中国人最重要的节日——春节就快要到了。

尾牙源自祭拜土地公做"牙"的习俗，所谓二月二为头牙，以后每逢初二和十六都要做"牙"，到了农历十二月十六日正好是尾牙。买卖人在这一天要设宴招待雇员，白斩鸡是宴席上不可或缺的一道菜，据说鸡头朝谁，就表示老板第二年要解雇谁。因此有些老板一般将鸡头朝向自己，以使员工们能放心地享用佳肴，回家过个安稳年。

10

话说腊八

腊八粥取其「八」，意在「发」，有着吉祥祝福的寓意，也是为即将到来的一个月喜庆忙碌的年节准备活动做好铺垫。

春节的序曲奏响在农历十二月八日，也就是腊月初八，这一天在传统中被称作"腊八"，来源于中国民间本来就有的"腊日"祭祖祭神的习俗。

腊日祭祖是一个盛大的祭祀典礼，周代便已形成。这种祭奠往往需要猎取禽兽作为祭品。"腊"和"猎"在古代是相通的。因为祭礼是在一年的最后一个月举行，所以汉代以后人们将这个月称为"腊月"。又据说"腊祭"要祭祀八种神，所以到了南北朝时期，腊日被固定在腊月初八。

"腊八"也是佛教的盛大节日，因为这一天是佛祖释迦牟尼的成道日。佛教信徒们出自虔心，将"腊日"与"成道节"融合，遂成"腊八节"，举行隆重的仪礼活动。旧时各地佛寺举行浴佛会，进行诵经，并模拟释迦牟尼成道前牧女献乳糜的传说故事，用香谷、果实等煮粥供佛，称"腊八粥"，并将腊八粥赠送给门徒及善男信女们，后来便在民间相沿成俗。腊八粥是从佛寺流入民间的，原本是七宝五味，民间以果子杂料混合熬煮而成，味道甜美。佛家重"七"，而民间却认为"八"最吉利，日久流传，就成了今天的八宝粥。腊八粥取其"八"，意在"发"，有着吉祥祝福的寓意，也是为即将到来的一个月喜庆忙碌的年节准备活动做好铺垫。它是春节的第一道饮食，俗称"送信儿的腊八粥"，年关的信息由它来递送，这是腊八粥的使命和荣耀。

腊八节的传说

相传，佛祖释迦牟尼本是古印度北部迦毗罗卫国净饭王的儿子，他不忍见众生遭受生老病死的痛苦折磨，又不满当时的神权统治，于是舍弃王位，决定出家修道。他深山修行，静坐六年，每日仅食一麻一米，如苦行僧一般生活着，仍然没能在精神上摆脱人生的各种烦恼。他饿得骨瘦如柴，精神恍惚，都想要放弃修行之路了。

此时恰遇一牧羊女，送他一盘乳糜，以多种香谷、果实煮成，他吃了这盘乳糜，恢复了体力。然后他走到河中间沐浴，洗净身上的污垢，最后盘腿坐于菩提树下，静思了七天七夜，终于在十二月初八那一天悟道成佛。为了不忘佛祖所受的苦难，人们于每年腊月初八吃粥以示纪念，佛教将此日称为"成道节"。佛教传入中国后，中国的佛教徒以释迦牟尼成佛是在腊月初八，遂用"腊八"称呼成道节。佛寺常在这一天举行诵经法会，并用各种香谷、果实煮粥以供奉佛祖，将腊八粥赠送给善男信女们享用。

生活气息

关于腊八节的应时美食，除了腊八粥以外，
民间还有泡腊八蒜、酿腊八酒等习俗。

腊八蒜和腊八酒

应时 ○ 美食

　　关于腊八节的应时美食，除了腊八粥以外，民间还有泡腊八蒜、酿腊八酒等习俗。腊八蒜是将蒜头去皮后泡在米醋中，一月之后，蒜呈浅绿色，味道鲜美，食之还有驱疾避瘟之效。腊八酒是在腊八节用糯米酿制的酒，越年之后呈暗红色，晶莹透亮，点滴成丝，浓郁得唇齿留香，令人不忍掷杯。

腊八粥

香甜。可口

腊八粥的历史，已有一千多年，到宋代已经十分流行，不论宫廷、官府、寺院还是百姓之家，都要做腊八粥。明朝时，皇帝在这一天要向文武百官赏赐宫廷内煮好的腊八粥，其用料自然十分讲究。到了清朝，这一风俗更是盛行，不仅家家煮食腊八粥，有钱人家还用果料做出各种禽虫形象来装点粥面，相互赠送。自乾隆年间开始，皇室成员要向宫廷内外赏赐腊八粥，这御用的腊八粥，是在雍和宫煮成的。雍和宫内有一口直径约两米、深一米五的大铜锅，就是专为煮粥准备的。每逢腊八，据说这口大锅要熬制六锅腊八粥，由喇嘛念经，并有专人上祭、拈香。届腊八日粥成，皇帝循例先祭祖，后分赏内廷各宫，再分赏外廷王公大臣。

腊八粥的原料，可多可少，熬制出来的腊八粥，自然有精有糙。小户人家用大米、小米、江米、红小豆、豇豆、红枣熬一锅粥，就感觉颇为香甜可口了。豪门大户煮腊八粥，讲究起来就无尽无休了。珍珠米、薏仁米、菱角皮、鸡头米、赤豆、绿豆、豌豆、芸豆、莲子、花生仁、松子仁、榛子仁、核桃仁、白果、栗子、桂圆肉、荔枝肉、红枣、金丝蜜枣、青梅、瓜条、橘饼、金糕条、梨干、桃脯、苹果脯、蜜饯海棠等，再加上瓜子仁、炒芝麻、青红丝、红白糖等，原料多达上百种。

寒露起，秋风疾。这凌厉的风，见证了挺拔的野草，见证了经霜的红叶，它们愈发展示出生命的顽强和坚韧。露积成霜，寒冷一步步逼近。早起泛白的田野，开始冷得让人清醒。泛白的青石板和石拱桥，人们小心翼翼地走过，像是怕惊扰了清晨的梦。我最爱的是深秋的早晨，清冷不寒，雾气氤氲，萧瑟中有几抹艳丽。走在乡村的田野上，目光所及，都是一幅水墨山水画。

故乡的柿子该熟了，光洁肥厚的叶子中间，柿子丰满的身体压在枝头，浅橘黄的果实等你采摘。这个颜色的柿子摘下来还没完全成熟，放在米缸中几日至深黄色就可以食用了。这是初秋的碧叶丹果，还有晚秋红叶值得期待。天地间的一片萧瑟，独有这满山的红枫浓淡相宜惹人醉。

寒冬来临，古人的生活就有了很多具有仪式感的事儿，比如送寒衣，比如开炉。一年中难得的闲暇时光里，就围着那一方温暖的火炉。大人小孩都有好多事情可以做。大人们熏腊肉，灌香肠，织毛衣；小孩子们烤红薯，烤土豆，编手工。我特别怀念小时候的冬天，那时的过冬"三宝"是柴火坑、烤红薯和火钳，就围着土砖垒起的土火坑，手拿一把火钳，拨弄着柴火，翻烤着红薯，整个冬天都满足了。

就窝在这温暖的火炉旁，冬天似乎都过去得特别快。不知不觉，过年的气氛就热闹起来了，春天的脚步也就近了。又是一个新年，又是一个四季，永恒就在这样的小轮回里。